图书在版编目（CIP）数据

海洋里的奇奇怪怪 / 米诺鼠童书馆编著. — 北京 ：

东方出版社， 2022.7

ISBN 978-7-5207-2826-3

Ⅰ．①海… Ⅱ．①米… Ⅲ．①海洋—儿童读物 Ⅳ.①P7-49

中国版本图书馆CIP数据核字(2022)第103548号

海洋里的奇奇怪怪

（HAIYANG LI DE QIQIGUAIGUAI）

作　　者：米诺鼠童书馆

责任编辑：张旭　陈蕊

出　　版：东方出版社

发　　行：人民东方出版传媒有限公司

地　　址：北京市西城区北三环中路6号

邮　　编：100120

印　　刷：洛阳和众印刷有限公司

版　　次：2022年7月第1版

印　　次：2022年7月第1次印刷

开　　本：787mm×1092mm　1/12

印　　张：4

字　　数：80千字

书　　号：ISBN 978-7-5207-2826-3

定　　价：108.00元

发行电话：(010)85924663　85924644　85924641

海洋里的奇奇怪怪

米诺鼠童书馆　编著

人民东方出版传媒
People's Oriental Publishing & Media
东方出版社
The Oriental Press

大约在 36 亿年前，

海洋里出现了地球上最早的生物，

从此，生物在海洋摇篮里不断进化。

在这个幽深而富饶的神秘世界里，

大约有 21 万种已知的生物，

动物大约有 18 万种，植物大约有 2.5 万种，

有的鱼类会发光，有的动物会伪装，有的甚至会"分身术"……

海洋深远而广大，

千奇百怪的生物还在等我们去发现，

走吧，

利用你身边一切的光，去冒险，去探索吧！

（可以借助太阳光、手电筒、手机灯光等，照一照，找一找。）

会发光的鱼

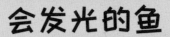

在广袤的海里,很多鱼类都会发光,它们利用这些光来诱捕猎物、吸引异性,还可以用光来和同类交流,或者迷惑敌人,逃脱抓捕。

它们为什么会发光呢?会发光的鱼有三种情况:

第一种,它们身上的"发光器",由天生的发光细胞构成;

第二种,它们身上共生的细菌会发光;

第三种,它们没身上会分泌一种含磷的黏液,通过磷与水中的氧气发生的化学反应来发光。

让我们一起来观赏一下会发光的鱼是什么样子的吧!

灯颊鲷(diāo)

绿烛光鱼

黄烛光鱼

深海鮟(ān)鱇(kāng)鱼

带鱼

红烛光鱼

松球鱼

烛光鱼

我身上的发光器实在是太多了，头部、鳍部、腹部和腹侧等地方都有发光器，发光的时候游动，很像烛光一样摇曳哦。

在深海里，我还有很多小伙伴，它们除了黄色的，还有蓝色的、红色的、绿色的呢。

灯颊鲷

有些人喜欢叫我闪电侠或者灯眼鱼，我喜欢躲在幽暗的海底洞穴里休息。

你看，我眼睛下长着会发光的斑，发出的光既可以辨认同类，方便觅食，也可以在遇到敌人时关闭眼灯逃跑，如果逃不过，就开着灯游得飞快，晃瞎敌人的眼睛。

深海鮟鱇鱼

大家都习惯叫我灯笼鱼，我的"小灯笼"里住着很多会发光的细菌！作为肉食性鱼类，"小灯笼"就是武器，可以像钓鱼一样把它伸出去，把猎物们吸引过来，然后一口吃掉！

当然，有时候饿狠了，吃个小鲨鱼也是分分钟的事情。

带鱼

我有着细长苗条的身材，有着银灰色的外表，发光的时候通体银色。毛虾、乌贼等都是我的食物。

我是靠细菌发光的，它们附着在我身上，可以让我的伙伴在深海里准确地找到我。

松球鱼

我喜欢待在温暖的海水里，拥有很像松果的坚硬鱼鳞。

你看，我的发光器长在头部下颌前端的下方，这里有我的好朋友费氏弧菌，它们让我掌握了发光的技能，方便寻找食物。

锋利的牙齿

海洋的很多鱼类都有牙齿。身体比较大的鱼，比如虎鲸、大白鲨等，它们的牙齿长得很大很锋利，有利于捕猎相对大型的猎物；比较小的鱼有一张大嘴和很厉害的牙齿，生性凶猛，都是一等一的捕猎好手。

当然，也有长着锋利尖锐的牙齿的生物，有时候这些牙齿不仅仅是用来捕猎的，还可以用来打架、求偶、抢地盘。

让我们来看看在海里生活的它们，牙齿都长成什么样。

噬（shi）人鲨

虎鲸

海鳝

海鳝这名字是我们80多种鳗类的统称，但我们海鳝都一样，长着一张大嘴和尖尖的牙齿。

我们都长着小脑袋大嘴巴，嘴里都是尖利的牙齿。我们牙齿的位置比较特别，它们长在两对颌上，一对颌在嘴里，另一对颌在咽喉部。

独角鲸

蝰鱼

虎鲸

我拥有长达8—10米的身躯，体重9吨左右。我不仅需要有一口锋利的牙齿，还需要很多很多的食物。旁边那位大白鲨兄弟，也在我的食谱里，它也只不过是我的开胃菜而已。

我的牙齿，上、下颌每列有10—12枚圆锥形的牙齿且向内后方弯曲。嘴巴细长，牙齿锋利。凶猛是我的个性，善于进攻猎物是我的特长。

噬人鲨

你也可以叫我大白鲨，作为"海中霸王"，我必须拥有锋利的牙齿才能称霸海洋！各种鱼类、海鸟、海龟、海豹、海豚、小鲸鱼等等，在我的大牙齿下都是逃不掉的。

我跟你说，我的牙齿有5—6排，为了让它们保持锋利，那些磨损的牙齿24小时内就会被新牙替代。我一生估计要长出3000—24000颗牙齿呢。

独角鲸

传说中的独角兽的角，就是以我的角为原型衍生的。这个其实是我的牙齿。

你看，我的牙齿又长又尖，上面还有螺旋纹。平时我们的这个长长的牙齿除了用来战斗求偶抢地盘，还可以用来显摆，谁的牙齿又长又粗，谁就倍儿有地位和面子。

海鳝

蝰鱼

我住在深海里，自身会发光，大嘴里长着很长的尖牙，当猎物被我的光吸引过来时，我会快速游过去，然后把它们结实地钉在我的长牙上。

我的上颚长着四颗尖牙，而下颚的尖牙就长得比较随意，这些牙齿长得实在太凌乱了，导致我的颜值直线下降，但是，这不影响我捕猎的能力！

超级伪装大师

大自然的生物几乎都有自己的天敌，所以它们都有自己的一套看家本领来保护自身。

有些伪装高手，是靠漫长的进化让身体发育变化来抵御天敌的，比如柳叶鳗，它们小时候整个身体都是透明的，与水融为一体，难以被人察觉；有些则是对身边的环境进行拟态，利用周围的东西来做掩护。

让我们一起看看海底的伪装高手们都有谁吧！

柳叶鳗

喇叭鱼

装饰蟹

猜猜我在哪儿？

科尔曼虾

叶海龙

柳叶鳗

　　我是鳗鱼幼体时期的一个阶段,在这个阶段,为了能安全长大,我天生具有"隐身"的技能。在成长的关键期,除了黑色的眼睛,我整个身体都是透明的。

　　我之所以能够"隐身",是因为消化系统特别简单,以水中的有机物为食物,成长期胆囊等内脏还没有长出来,而且鱼肉由黏多醣构成,所以看起来是"透明"的。

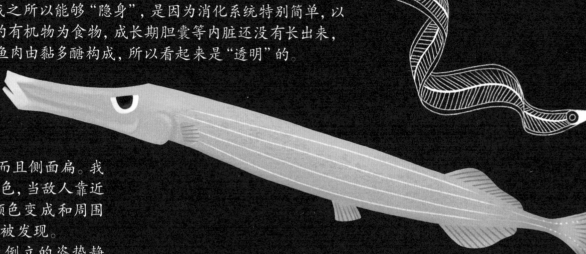

喇叭鱼

　　我的身体长长的,而且侧面扁。我的身体可以随时变换颜色,当敌人靠近时,我立刻把身体的颜色变成和周围环境接近的体色,以免被发现。

　　我喜欢以头下尾上倒立的姿势静止不动地伪装在珊瑚群或藻类旁边,等待机会吸食小鱼。这样既可以捕食,也可以躲避敌人。

装饰蟹

　　为了躲避天敌,吓退捕食者,我把"变装游戏"玩到了极致!我可以利用各种身边的物品来进行"变装",比如利用周围五颜六色的藻类、珊瑚、贝壳碎片等做装饰,小马甲一穿,谁都发现不了我。

　　我周身长满了坚硬细小的钩状刺毛,海藻、海绵等用于装饰的东西可以粘在我的身上,用来伪装而不被天敌发现。

叶海龙

　　我喜欢在有着很多大型藻类的温带沿海水域待着。我善于伪装,常常隐藏在一堆海藻里。我主要靠海藻状附肢模拟海藻的形状来进行伪装的。

　　我身上的颜色可以根据食物和周围环境情况进行变色,以达到最理想的伪装效果。

科尔曼虾

　　你能看见我们吗?我们叫科尔曼虾,一般会成对出现在火焰海胆的毒刺中,这里是我们最喜欢的藏身之处。

　　我们从小就生活在火焰海胆的毒刺中,身体会慢慢长出跟火焰海胆相似的斑点和颜色,借助火焰海胆的毒素阻止敌人的攻击。

奇奇怪怪的"鱼"

海底生活的鱼类，有着我们难以想象的外貌。当人们发现它们时，总会怀疑是不是曾有外星人把它们从外太空带来地球的。

其实，海底的很多生物之所以长得奇怪，是因为深海之下，常年没有阳光，而且水压与陆地和浅海不一样，所以鱼类和其他生物都靠自身的进化，变成了后来被我们发现的那个奇怪的样子。

既然如此，就让我们一起揭开那些"怪鱼"们的真面目吧！

带状仔猪鱿鱼

吞噬鳗

我有一张大嘴巴，胃口极大，凡是我大张着嘴游过的地方，各种小鱼、小虾还有浮游生物都会被我吞掉。我只能住在深海里，如果游到海面上，水压的改变真的会要了我的命啊。

我长长的尾巴上有一个发光器，在捕食的时候，我会沿着环形轨迹游动，用尾巴上的红光吸引猎物，把猎物圈在我的尾巴大圈里，然后张开大嘴，一口吞掉！

深海狗母鱼

我住在几乎没有光线且寒冷的深海，我的眼睛不大，而且视力不好，所以主要依靠敏锐的嗅觉和触觉生活，利用头部后方的两条鳍来感知猎物的具体位置。

我能够在海底站立、行走。你看，我主要是利用腹鳍和尾鳍延长的鳍条，形成稳定的三点支撑结构，就可以在海底静静地站立好久，等猎物游过来就可以吃掉它们啦。

红唇蝙蝠鱼

海猪

带状仔猪鱿鱼

　　我的身体是半透明的，长了一只可爱的"猪鼻子"，其实它是虹吸管，我可以通过鼻子喷水让自己动起来，我的"屁股"上还有一个像舵一样的结构，它可以帮助我调整游动的方向。

　　你看，我的身体里、眼睛下方都有发光器呢，它们会发出橙色的光，让我在黑乎乎的海底也能看清周围的环境。

吞噬鳗

深海狗母鱼

红唇蝙蝠鱼

　　我喜欢用我特殊的四条"腿"在海底爬行，胸鳍和腹鳍就是我的腿。我的"烈焰红唇"好看吧？

　　关于我的红唇，人类都还没搞懂是用来干什么用的，有的猜测是吸引异性的标志，有的说是诱惑猎物的手段，还有的说只是一种自然装饰而已。

　　答案我先不揭晓啦，欢迎小朋友们深入研究！

海猪

　　我有着胖乎乎、圆滚滚的身材，我们一般有5—7对脚，静悄悄地生活在深海里，靠吃各种微生物和海洋动物尸体为生。我喜欢和小伙伴们一起生活，当大家聚集在一起的时候，我们的身体会同时朝向海流的方向。

高颜值的"鱼"

海底世界的鱼类，各有各的特色，有些长得特别可爱，有的长得颜色特别丰富，千姿百态的海底世界，让我们一起去看看美丽的鱼儿都有哪些吧！

五彩青蛙鱼

小丑鱼

镰鱼

碎毛盘海蛞（kuò）蝓（yú）

法官海麒麟

冰海天使

大西洋海神海蛞蝓

小绵羊海蛞蝓

公牛多彩海麒麟

小丑鱼

我脸上有一条或两条白色的条纹，跟京剧里的丑角很像，所以大家就叫我小丑鱼了。我在珊瑚礁与岩礁附近生活，只要遇到危险，就可以钻进礁里藏好。

我们是一种雌雄同体的动物，成熟之后我们可以随时变性。变性时会先变成雄性，需要繁殖的话可以再变成雌性，但变成雌性后就无法逆转了。

五彩青蛙鱼

我喜欢生活在礁石之间，性情比较温和，但领地意识很强，谁侵犯了我的领地我就会大打出手！我的身体有蓝色、橘红色、绿色等花纹，组合成非常夺目的艳丽颜色。要分辨雄鱼与雌鱼，也很简单，我们雄鱼的背鳍第一根脊条要比雌鱼的长很多。

法官海麒麟

大西洋海神海蛞蝓

小绵羊海蛞蝓

我叫叶羊，靠吃海藻为生，让藻类的叶绿体和我的体细胞共存，并且进行光合作用，自制身体所需的养分。

碎毛盘海蛞蝓

我头上有两个感官结节变成的小耳朵，还有小尾巴哦。

我有超强的拟态避敌本领，吃什么颜色的海藻身体就会变成什么颜色。

公牛多彩海麒麟

你也可以叫我紫海兔，以某些特定的海藻为食。

我会将藻类有毒的氯化物储存在消化腺或皮肤分泌的乳状黏液中，然后用这些毒素来对付敌人。

镰鱼

我喜欢在珊瑚礁丰茂的地区和小伙伴们成群结队地活动，海绵、海藻等有机物是我最爱的食物。

你看，我的背鳍有这么长！

冰海天使

我是一种浮游软体动物，生活在北极、南极等寒冷海域的冰层之下。你看，我的身体构造是这样的。

大海非常辽阔，海底世界也比大陆要深远得多，因此，生活在海里的生物长得也有特别庞大的，比如鲸鲨、蓝鲸、须鲸等。

它们到底有多大？让我们对比一下吧！

抹香鲸

鲸鲨

长须鲸

蓝鲸

抹香鲸

我是潜水能手，是潜水时间最长的哺乳动物，体长可达18米，体重可以超过50吨。我头大身小，头部大小约占身体的三分之一。

鲸鲨

我是一种鲨鱼，身躯非常庞大，体重可以达到13吨，最长可以达到20米，是现在世界上最大的鱼类。因为我性格比较温顺，虎鲸和大型掠食性鲨鱼老喜欢欺负我这种大个子的"老实人"。

我身上全都是软骨，没有真骨头组织（肋骨等），支撑身体的脊柱是一根钙化软骨，挂满牙齿的颌骨是我全身最硬的骨骼。

长须鲸

我的体型比蓝鲸修长，长约25米，最大体重约110吨。我是游泳速度最快的鲸之一，当我奋力游泳时，速度可达37千米/小时，人类记录我的伙伴游得最快的纪录是40千米/小时。

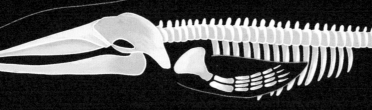

蓝鲸

我是世界上现存最大的哺乳动物，我的身体长度可以达到33米，体重可以达到181吨。这庞大的身躯可以帮助我保持恒定的体温，让我可以舒服地在大海里遨游。

谁是游泳冠军?

在海洋世界里,游泳速度也是一种生存必备的能力。很多海洋生物都有超强的耐力,可以用最快的速度游到很远的地方,或捕食,或躲避天敌。

如果海洋里的鱼类要进行一次游泳比赛,剑鱼和旗鱼谁能拿冠军,还有哪些鱼类也可以报名来试一试?让我们一起看看它们的名次如何吧!

太平洋旗鱼

剑鱼

灰鲭(qīng)鲨

黄鳍金枪鱼

飞鱼

太平洋旗鱼

　　我是目前吉尼斯世界纪录中速度最快的鱼，平均时速为110千米，最快速度可达190千米/小时！我背部的帆状鳍在游泳的时候会折叠起来，以减少水的阻力。

剑鱼

　　你看我的上颌向前延伸，像一把利剑一样，还能把渔船给捅破呢。我的游泳速度也很快，如果我尽最大的努力游，达到130千米/小时也是没问题的。

灰鲭（qīng）鲨

　　我应该是鲨鱼中游泳速度最快的了吧，速度最快的时候可以达到96千米/小时。我跳跃的能力也非常出色，跳出水面6米的高度也不是问题。

黄鳍金枪鱼

　　我有一个壮实的身体，还有漂亮的黄色背鳍，在我快速游动的时候，鳍会折叠放入我身体特殊的凹槽里，以减少阻力，让我游得更快。我最快的时候速度也可以达到80千米/小时，在我们金枪鱼里算很快的了。

飞鱼

　　我有长长的胸鳍，一直延伸至尾部，像鸟类的翅膀一样。所以，我不仅可以在水里游得飞快，游出64千米/小时的速度，还能高高地跃出水面然后在空中飞行400多米。

水母大家庭

水母，可能早在6.5亿年前就存在的一种不需要大脑就可以生存的浮游生物，迄今为止，人类共发现3000多种水母，它们大多有很长的触手，触手上有毒。无论是热带的水域、温带的水域、浅水区、约百米深的海洋，甚至是淡水区都能看到它们。

如此庞大的水母家族，让我们一起去看看那些特别的水母都长什么样子吧！

煎蛋水母

花笠水母

澳洲斑点水母

狮鬃（zōng）水母

灯塔水母

花笠水母

我有两种触手，一种是大量生长在伞缘和伞面上的短触手，这些短触手的末端呈现荧光绿和荧光玫瑰红色，主要起攀附与防御的作用；另一种触手很长，只分布在伞缘，是我捕食猎物时使用的。我待在海床上，会挥舞我的触手，把鱼引诱过来，蜇晕，然后吃掉。

煎蛋水母

我的身体中间因为有生殖腺和其他结构，凸出来的部分呈现金红色或者橘色，所以看上去就很像一只荷包蛋啦。

我体内可是藏有很厉害的毒液的，所以不要轻易靠近我哦。

狮鬃水母

我是世界上体型最大的水母之一，长长的触手是我捕食的武器，上面有毒针和装有毒液的囊，如果人被我缠住划伤了皮肤，人很快就会麻痹而死。

我的触手有8组，最多有150条，长度可达35米。

灯塔水母

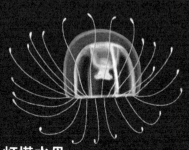

我是肉食性的水母，喜欢吃浮游生物或者甲壳类、多毛类甚至小的鱼类。我有"返老还童"的能力，因为我有一套独特的繁殖方式——在完成繁殖任务后，我会重归海底，再次变为水螅形态重新发育。

我的肚子是透明的，里面有红色的消化系统，像灯塔一样，所以大家都叫我灯塔水母。

澳洲斑点水母

我体内有共生的藻类，所以也可以像植物一样，依靠光合作用就可以给自己补充能量，产生必须的营养物质，维持生命。

你看我这些白色的斑点，它们上面带有刺细胞，捕食时，伸出拖在身后的触手捕食。

海洋食物链

海洋是地球生物圈的重要组成部分，在这个大大的生态系统里，动物们要活下去，就要不停地吃足够多的食物。所以，大鱼会吃小鱼，小鱼会吃虾米，那虾米又吃什么呢？

就让我们一起去海洋里探索一下，看看海洋食物链究竟是什么样子的吧！

鲨鱼

章鱼

螃蟹

贝类

鱼、虾

海藻

浮游生物

章鱼

我最擅长以柔克刚，对付有坚硬外壳的螃蟹，我先把它紧紧抱住，用我嘴里锋利的颚片刺破蟹壳，往蟹体内注入有毒的唾液，让它彻底麻痹，然后我就可以享受美餐了。

鲨鱼

我站在海洋食物链的顶端，我会大口吞掉章鱼、海龟、海狮、海象、海豹等等，厉害吧？

在大鲨鱼或者大鲸鱼死了之后，它也会进入一个循环食物链里，被分解者或者其他小型动物吃掉哦。

海豹

海象

螃蟹

我有两只大而有力的螯，可以把超级硬的贝壳砸烂，然后吃掉。

帽贝

我和我的贝类小伙伴们大多以浮游植物为食，而我最喜欢吃海藻啦，吃了海藻，我就能获得养分，快快长大。

鱼、虾

浮游生物

海藻

我和我的浮游植物同伴们都是海洋世界的"生产者"，我可以利用光能，将水和二氧化碳转化为糖类，并排出氧气，再生成营养物质固定在身体里。

沉船里的"居民"

沉入海底的船也会有很多生物光顾，从藻类、珊瑚以及各种微生物的出现开始，越来越多的海底生物会来这里聚集、安家，因为沉船可以给它们提供庇护和食物，然后这里会慢慢形成全新的生态圈。

让我们潜入海底，跟沉船里的"居民"们打个招呼吧！

石纹电鳐

波纹唇鱼

翻车鱼

雀尾螳螂虾

海螺

翻车鱼

我的身体比较像一个圆圆的大餐盘，没有尾鳍，所以游泳技术很差，速度很慢。我们家族的繁衍能力很强大，一次可产2500万–3亿枚卵。我的嘴是合不上的，好吧，这样看起来有点傻。

石纹电鳐

我喜欢藏身在沉船残骸里面，白天我会把自己藏起来，只露出两只眼睛和喷水孔，等天黑之后出来觅食，用我自己释放的致命的80伏电流击晕猎物。

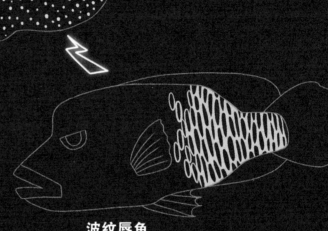

波纹唇鱼

我是性子温和的热带巨型鱼，有时候看到在海底潜水的人类，我们还可以亲密接触哦。我虽然个子大，但是胆子小，所以礁石洞穴、珊瑚岩架、沉船残骸等地方是我理想的栖息地。

雀尾螳螂虾

我的身上，红、蓝、绿等各种颜色都有，外表像孔雀，我性情比较暴躁，领域性很强，谁惹我生气了，我用大前螯几拳挥过去，直接把它打晕。

海螺

我和我的伙伴们喜欢待在沉船附近，这里有我喜欢吃的海藻和微小生物，而且食物充足，又相对安全。

珊瑚礁里的秘密

颜色鲜艳的珊瑚虫，是一类低等的无脊椎动物。珊瑚聚集在一起，连成了一片片的珊瑚群，那些成千上万的由碳酸钙组成的珊瑚虫的骨骼，经过数百年至数千年的沉积后形成了美丽的珊瑚礁。

珊瑚礁不仅为海洋生物提供了理想的栖息地，还有保护海岸、维护生物多样性等功能。富饶的珊瑚礁里，住着很多鱼类，有的鱼在周边啃食珊瑚，有的鱼会藏在里面躲避敌人，有的则通过伪装或毒液进行自我防卫。

让我们一起去看看，珊瑚礁里都有哪些鱼吧！

刺尾鱼

蓑（suō）鲉（yóu）

燕鱼

双棘甲尻（kāo）鱼

石头鱼

刺尾鱼

我是素食主义者，喜欢和伙伴们成群结队地去吃海藻或者其他藻类。我出生之后，会在海上漂流36-70天，才沉降下来到珊瑚礁这里定居。

蓑鲉

华丽的鱼鳍是我最大的特色，但是你别以为我光有花架子，鱼鳍下面可是隐藏了含有剧毒的棘刺。我性格孤僻，喜欢独居，谁要是冒犯我，我就用毒刺扎谁。

双棘甲尻鱼

我喜欢在珊瑚礁的缝隙里找海绵、藻类、软珊瑚或者其他附着生物填饱肚子。我身上有毒刺，所以不要轻易靠近我。

燕鱼

我的背鳍、臀鳍鳍条向后延长生长，而且上下对称，从侧面看就像翱翔的燕子一样。我身上的颜色虽然不鲜艳，但胜在姿态优美，还是很受大家喜爱的。

石头鱼

我喜欢潜伏在珊瑚礁、岩礁或者海底，伪装成一块不起眼的石头，静静地等待猎物的到来。我的背上长着锋利的毒刺，毒性非常强，谁敢招惹我，我就会给他注射剧毒。

共生关系的鱼

海里的生物和陆地生物一样，也存在很多共生的关系。生物主动选择建立共生关系的伙伴，有些是为了躲避天敌，有些是为了获取更多食物，就这样，不同的海洋生物之间自行组队，互惠互利，彼此依靠，努力生存。

让我们一起看看那些有共生关系的生物，它们的伙伴都是谁吧！

我的身体实在太大了，很多时候会有很多寄生物，我的好朋友可以帮助我清理寄生物，让我过得舒舒服服的。你猜它是谁？

鲨鱼

我身上有很多黏液，可以对抗好朋友触手上的毒刺。还可以借助它的触手躲避敌人，安心地在触手里筑巢、产卵。你猜它是谁？

小丑鱼

我有个非常会挖洞的好朋友，它的视觉能力不太好，所以它负责挖洞，我负责安全监控。当遇到危险的时候我会立即通知它。我们是很好的室友。猜猜它是谁！

虾虎鱼

海胆

我行动是靠朋友的，你猜它是谁？

电鳗

我的好搭档会帮我剔牙，还给我做全身清洁的服务，简直太享受了。

鲫〔yìn〕鱼

大鲨鱼是我的好伙伴、好"坐骑"，我喜欢粘在鲨鱼的下腹，跟它一起去很远的地方，还可以在它吃东西的时候也蹭一些食物吃。

鲫〔yìn〕鱼

海葵

小丑鱼的好朋友是我呀！有颜色鲜艳的小丑鱼在，可以帮我吸引更多的猎物过来，让我更容易捕捉到它们。而且，它还会帮我去除身上的坏死组织和寄生虫呢。

枪虾

我的好室友是虾虎鱼，我可以利用我的螯挖洞，还可以用两只不对称的螯发出巨大的"枪声"击晕小动物，然后跟我的室友一起共享食物。

螃蟹

我不怕海胆身上的毒刺，如果遇到危险，刚好我又背着海胆，就可以用海胆吓走我的敌人了。有了海胆的保护，我就可以自由觅食啦。

清洁虾

我就是电鳗的"牙签"啦。我的"剔牙"技术可是一流的，很多大鱼都喜欢排队让我给它们剔牙呢。电鳗等大鱼的牙缝间的食物残渣足够我饱餐一顿，省去了寻找食物的麻烦。

比黄豆还小的"鱼"

海底世界丰富多彩，还有很多我们没见过的生物。这里有非常大的鱼类，也有很小的鱼类，有一些小鱼我们平时也很难见到。

让我们一起潜入海底世界，去看看那些跟黄豆差不多大小的生物，长什么样子吧！

小虾虎鱼

豆丁海马

胖婴鱼

豆蟹

糠虾

小虾虎鱼

我们虾虎鱼是鱼类中的最大家族，大家生活在菲律宾吕宋岛的河流和湖泊中。我们的身体都比较小，是世界上最小的鱼类，成年雄体平均长度0.87厘米，它的长度跟矿泉水瓶盖差不多高。

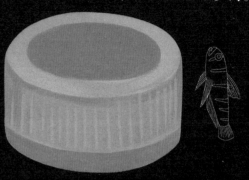

豆丁海马

我可以随时改变身体的颜色，这样更方便隐藏，躲避天敌。我个子不高，是世界上最小的海马，成年之后身长1厘米左右，还没有一颗胶囊长，平时主要靠吃一些比我更小的鱼虾和浮游生物为生。

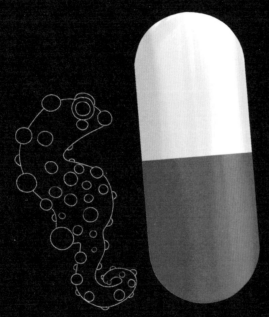

胖婴鱼

我的身材比较细长，大概只有7毫米长，和半个瓜子差不多大小。没有鳍、牙齿、鱼鳞，而且全身透明，身上除了这大大黑黑的眼睛，没有别的色素沉着了。

豆蟹

我是一种寄居蟹，喜欢藏在水母、海葵或者贝类里面，这样比较安全。我是世界上最小的螃蟹，大概有2厘米长，像4颗黄豆加起来那么长。

糠虾

我们是全世界最小的虾类，大小和半粒大米差不多，大多生活在海里，也有一些同类会生活在江河的淡水里。我非常小，体重大概只有0.007克，体长0.1—0.3厘米。

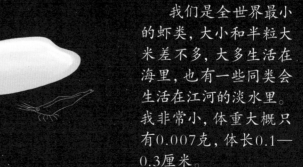

鲨鱼大家族

提起鲨鱼，人们总会想起它们"海洋中的霸主"以及会伤人的危险属性。在海滨浴场玩的时候，浅海区外圈还会布着大网，就是为了防止鲨鱼袭击人类。但是，所有的鲨鱼都吃人吗？当然不是。大多数种类的鲨鱼都不吃人，世界上共有300多种鲨鱼，只有大白鲨、虎鲨等二三十种鲨鱼会吃人。

鲨鱼家族里还有哪些鲨鱼呢？让我们认识它们吧！

双髻（jì）鲨

长吻锯鲨

剑吻鲨

我喜欢住在深海，头上有一个大大的铲形鼻吻，它能够帮助我探测猎物的位置。

平时我会把下巴"收回"到跟眼睛同一平面的位置，一旦猎物靠近，就会伸出我长着钉子一样牙齿的下巴，直接把猎物吞食。

天使鲨鱼

条纹斑竹鲨

双髻鲨

我的脑袋上长了两个"髻"，每个髻上各有一只眼睛和一个鼻孔，当我转动我的大脑袋的时候，可以360度地观察周围的情况。

我的眼睛不仅像人类一样拥有双眼视力（两只眼睛的视野重叠在一起），还可以精确感知深度和距离，对目标猎物的距离做出准确的判断。

长吻锯鲨

我有点胆小，白天基本不喜欢乱走动，晚上出来捕食。我这长满锯齿的嘴巴和锋利的牙齿连成一条直线，有我身体的三分之一长。

我的嘴巴两侧还长有很长的触须，能够自由移动，感知周围水体的振动及生物电，还可以敏锐地探测到埋藏在沙子里的美味猎物。

剑吻鲨

条纹斑竹鲨

虽然我长得比较小，但我确实是一条鲨鱼。

我是"鲨鱼家族里的变色龙"，我的体色可以根据周围环境的变化而变化，方便捕食和自我保护。

天使鲨鱼

我看起来有点像鳐鱼？不，我是一条鲨鱼。你猜猜我在哪？

白天我喜欢躲在沙子里，夜间出来觅食。硬骨鱼、鱿鱼、墨鱼和甲壳类动物等都是我的猎物。

浮游动物

浮游动物，是指那些只能随水浮游或者游泳能力很弱的海洋动物。它们自身不能制造有机物，却是几乎所有海洋动物的主要食物来源。

浮游动物有很多种类，既包括低等的原生动物、腔肠动物、甲壳动物、毛颚动物等，也包括高等的尾索动物，所以，浮游动物的种类可是非常多的哦。

让我们拿着放大镜，去认识一下每个种类里有代表性的浮游动物吧！

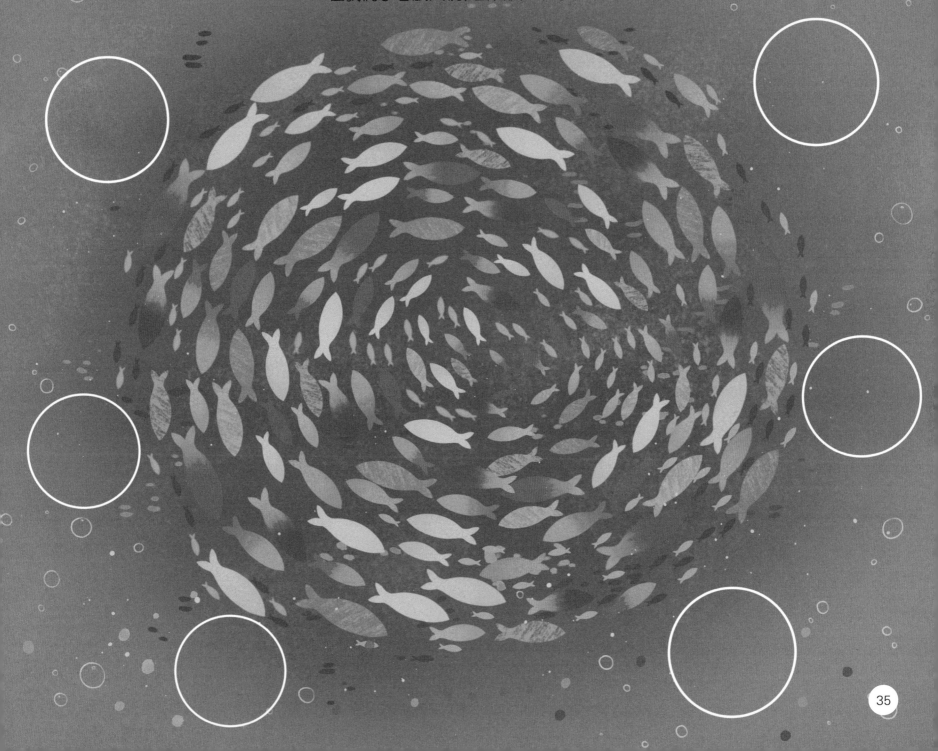

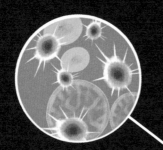

①原生动物——放射虫

　　我们的身体由单细胞构成，有放射排列的线状伪足，数量庞大"

④毛颚动物——箭虫

　　我的身体像箭一样，喜欢吃磷虾、幼鱼、水母等。

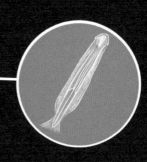

②腔肠动物——薮（sǒu）枝螅

　　我们这个属的小伙伴有很多，形态不一。群体有直立茎，茎分成许多有规则的节间，每节有一芽鞘

⑤被囊动物——海鞘

　　我们超级"宅"，可以长年累月地固定在一个地方，动也不动，别人还以为我们是植物呢。

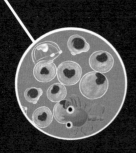

③甲壳动物——毛虾

　　我的壳很薄，额角短小，身体也很小。

⑥浮游幼虫

　　很多海洋生物的幼体，有螃蟹、蛤蚌等的幼体，都会经历一个漂浮期，随海水散布到不同的地方去。

有特异功能的动物

对于海参、海星、海绵等柔软的动物来说，海洋世界到处充满着危险，它们既没有坚硬的防御外壳，也没有天生的快速逃跑技能，那它们到底靠什么来维持生存呢？

其实，它们都拥有一种特异功能，那就是再生能力。在它们受伤之后，身体可以重新拥有细胞组合的能力，让受伤的地方重新长出新的身体或者重新组成新的机体。让我们一起看看，它们是怎样凭自己的特异功能来恢复伤口的吧！

栉（zhì）水母

海绵

海百合

海星

海参

海百合

我们一辈子都扎根海底，不能行走，也不能移动。

为了生存，我拥有强大的再生能力。看，我们失去的腕部，在内神经系统的控制作用下，体腔细胞将损伤的组织移走，新的部分慢慢就长出来了。

栉水母

我不是水母，是最古老的多细胞生物之一，拥有独一无二的"外星大脑"。我透明的身体在黑暗的环境里也会发出荧光。

我拥有一个独特的神经系统，可以在三四天的时间就再生出一个"大脑"。看，我的脑袋又回来了。

海参

我的种族在海洋里已经生活超过6亿年了，我们可以生生不息，是因为有着超强的繁殖能力和再生能力。如果不幸被天敌捉住，我甚至可以舍弃我的内脏，逃跑之后30—50天之后又能长出新的内脏了。

我身体还有很强的修复能力，你看，我这个被切断的小凸起和管足，又长出来了。

海绵

我跟人们常用的"海绵"可不一样，那种海绵只不过是仿造我的结构而已。我生活在海里，最原始的多细胞动物，没有嘴，没有消化腔，也没有中枢神经系统，靠身上的小孔吸入海水里的营养物质为生。

即使把我的身体捣碎，我的细胞也能三五成群地聚起来，然后组合成一个个新的海绵体。你看，我旁边的新海绵又长出来了。

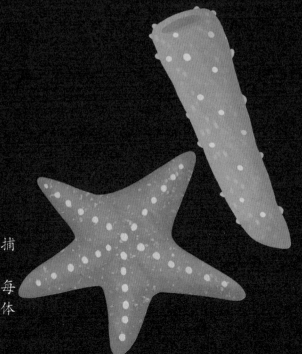

海星

别看我一动不动的就以为我是植物，其实我可是食肉动物哦。我会捕食一些贝类、海胆、螃蟹等。

我拥有一项强大的技能——分身术。你看，我即使被撕成了几块，每个碎块都能重新长成新的海星。因为我有后备细胞，这些细胞包含我身体所有的基因，受伤的时候后备细胞就会被激活，就可以长出新的身体。

来自海洋的蔬菜

我们每天都会吃到各种不同的蔬菜，但是大多数蔬菜都是陆地上种出来的，那我们能吃到来自海洋的蔬菜吗？

其实，我们日常接触的很多"蔬菜"，比如紫菜、裙带菜等等，它们都是来自海洋。海里还有非常多的蔬菜，走，让我们潜入海底，看看它们在海里本来的样子吧！

裙带菜

石花菜

海带

紫菜

海葡萄

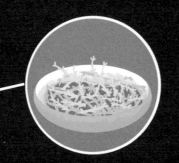

石花菜

一般生活在多光的浅海礁石或者低潮带下2—5m深处的珊瑚礁上，颜色有紫红色、棕红色、淡黄色等，形状比较像珊瑚。

紫菜

我们紫菜是一类生长在潮间带的海藻，全世界的海域都能看到我们的身影。在中国、日本和韩国，我们都是非常受大家欢迎的海洋蔬菜。

海葡萄

看我们圆滚滚晶莹剔透的身体，多可爱！人们又称我们为"绿色鱼子酱"，因为我们含有非常多对人体有益的营养物质，吃了有抗癌、抗肿瘤、抗氧化、提高免疫力、活化脑细胞、净化血液、美容等作用。

海带

我生长在海底的岩石上，形状长得比较像带子，是海里最常见的蔬菜。我体内含有很丰富的碘质，还有粗蛋白、糖、钙等营养元素。

裙带菜

我是一种海藻类的植物，你看，我绿色的"裙子"多好看。我的叶子比海带的薄一些，在水中舒展飘扬的样子有点像大大的破葵扇。

不怕冷的南极生物

南极企鹅们居住的南极大陆,是一个常年被厚厚的冰层覆盖的"天然冷库",这里年平均气温为-25℃。南极圈内没有草,也没有树木,仅仅有苔藓类低等植物。这么寒冷恶劣的环境下,除了企鹅,南极海洋里会有鱼类或者别的生物吗?

让我们一起去揭晓答案吧!

南极鳕鱼

豹型海豹

帝企鹅

我们是企鹅王国里最大的企鹅。你看,我身上披着的大礼服好看吗?咦?看不见,那用手电筒照亮看一下吧!

巨型海蜘蛛

南极磷虾

豹型海豹

我喜欢生活在寒冷水域，喜欢独居，在水里游泳游得飞快，所以在海里捕食小企鹅是非常容易的事情。

我的身体被厚厚的脂肪层覆盖，所以在寒冷的南极海洋里也能保持温暖。这层滑溜溜的脂肪层还减少了我游泳的阻力，所以捕食小型灵敏的猎物根本不是问题。

南极鳕鱼

我是最不怕冻的鱼，生活在南大洋的深海里，因为这片海洋从未受到污染，所以在这里生长的我长得白白胖胖的，有"海中白金"的称号。

我之所以不怕冷，是因为体液中有一种被叫作"抗冻糖蛋白"的特殊成分，以它为主要成分所构成的一种特殊的化学物质可以帮助我抵抗深海的寒冷。

帝企鹅

看到我漂亮的大礼服了吗？我脖子上还有一片橙黄色的修饰羽毛呢。我的"礼服"可以让我在潜入海底寻找食物上岸之后也不被严寒冻着。

巨型海蜘蛛

我生活在南极寒冷的深海里，是世界最大的蟹类，"全身都是腿"，有的伙伴体长甚至能长到3米。

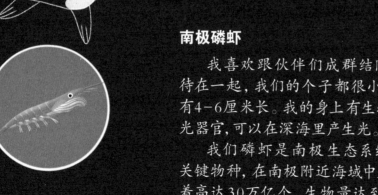

南极磷虾

我喜欢跟伙伴们成群结队地待在一起，我们的个子都很小，只有4-6厘米长。我的身上有生物萤光器官，可以在深海里产生光。

我们磷虾是南极生态系统的关键物种，在南极附近海域中生存着高达30万亿个，生物量达到了5亿吨。厉害吧？

有剧毒的海洋生物

广袤的海洋里藏着很多大陆所没有的生物，有很多生物，它们为了生存，进化出各种对付天敌的技能。有些鱼类有非常快的逃跑速度，有些生物则身上带有毒素，在遇到危险的时候释放毒素，然后逃得远远的。

海洋里，大部分水母都有毒，还有很多有着艳丽的外表同时带着剧毒的生物。

让我们一起去看看带着剧毒的海洋生物长什么样子吧！

蓑（suō）鲉（yóu）

贝尔彻海蛇

鸡心螺

我喜欢在温暖的海域居住，是肉食性动物。我的移动速度很慢，所以经常会使用有毒的齿舌来捕捉小鱼来吃。

我外壳的颜色和花纹很丰富，尖端部分隐藏着一个很小的开口，毒牙就藏在里面。我的毒液毒性非常强，毒倒一个成年人都是很容易的，别轻易靠近我。

蓝环章鱼

鸡心螺

绣花脊熟若蟹

蓑鲉

我喜欢独居，所以沉船残骸、珊瑚礁、桥桩等地方是我最喜欢的栖息地。

我的背上有毒棘，上面的毒素能麻痹一个成年人。有毒的鳍棘不仅可以帮助我迷惑猎物，还可以用来自卫。

绣花脊熟若蟹

我全身都长满了红白相间的网状花纹，壳很光滑。在岩石底下、珊瑚丛里都会有我的踪影。

我的体内有的含有河豚毒素，有的含有麻痹性贝毒，有的含有海葵毒。我体内的毒素，毒倒45000只小老鼠不是问题。

蓝环章鱼

我是一种很小的章鱼品种，平时比较害羞，喜欢躲在石头等地方，到夜里出来觅食。当遇到危险，我会全身发出耀眼的蓝光，向敌人发出警告。

我身上有很强的河豚毒素，可以用来麻痹猎物或者敌人。我分泌的毒液，足以在几分钟之内毒倒26名成年男性，而且没有解毒剂。

贝尔彻海蛇

我是一种有毒海蛇，身长有3米左右，喜欢生活在澳大利亚西北部的阿什莫尔群岛的暗礁周围。人们曾一度认为，我是全球毒性最强的蛇类之一。

我有着黑白相间的蛇皮，非常好认，所以很多潜入海里的人如果遇到我，都会退避三舍。

海洋深处，

还有怎样的奇观，

还有怎样的生物？

它们生活在不见光的深海，

全都长得跟外星生物一样奇奇怪怪的吗？

这些谜底，就等你去揭开啦！